全国职业技术院校模具制造/模具设计专业

模具制造电切削加工技术（第二版）习题册

中国劳动社会保障出版社

简介

本习题册为全国职业技术院校模具制造/模具设计专业教材《模具制造电切削加工技术（第二版）》的配套用书。本习题册紧扣教学要求，按照教材章节顺序编排，知识点分布均衡，题型丰富多样，难易配置适当，有助于学生复习巩固所学知识。

本习题册由姜利主编，徐燕参编。

图书在版编目（CIP）数据

模具制造电切削加工技术（第二版）习题册/姜利主编. —北京：中国劳动社会保障出版社，2016

全国职业技术院校模具制造/模具设计专业

ISBN 978－7－5167－2739－3

Ⅰ.①模… Ⅱ.①姜… Ⅲ.①模具-电火花加工-高等职业教育-习题集 Ⅳ.①TG760.6－44

中国版本图书馆 CIP 数据核字（2016）第 221224 号

中国劳动社会保障出版社出版发行

（北京市惠新东街 1 号　邮政编码：100029）

*

北京市科星印刷有限责任公司印刷装订　　新华书店经销

787 毫米 ×1092 毫米　16 开本　3.25 印张　67 千字

2016 年 9 月第 1 版　　2023 年 8 月第 3 次印刷

定价：6.00 元

营销中心电话：400-606-6496

出版社网址：http://www.class.com.cn

http://jg.class.com.cn

目　录

模块一　数控电加工基础知识 ……（1）

课题一　电火花加工基础知识 ……（1）

课题二　数控加工基础知识 ……（3）

模块二　快走丝电火花线切割加工 ……（6）

课题一　电火花线切割加工基础知识 ……（6）

课题二　快走丝电火花线切割加工基本操作 ……（8）

课题三　模具零件外轮廓加工 ……（18）

课题四　模具零件内轮廓加工 ……（22）

课题五　模具零件锥度加工 ……（26）

模块三　慢走丝电火花线切割加工 ……（30）

课题一　慢走丝电火花线切割加工基本操作 ……（30）

课题二　恒锥度模具零件加工 ……（31）

课题三　变锥度模具零件加工 ……（33）

模块四　电火花成型加工 ……（35）

课题一　电火花成型加工基本操作 ……（35）

课题二　单型腔模具零件加工 ……（37）

课题三　多型腔模具零件加工 ……（40）

课题四　典型冲模零件加工 ……（42）

模块五　电火花小孔加工 ……（43）

课题一　电火花小孔加工基本操作 ……（43）

课题二　单孔加工 ……（44）

课题三　多孔加工 ……（46）

模块一　数控电加工基础知识

课题一　电火花加工基础知识

一、填空题（将正确答案填写在横线上）

1. 电火花加工是利用工件和电极之间的______________完成对工件的加工。
2. 电极和工件形成的电场强度取决于______________和______________。
3. 脉冲放电过程分为介质击穿、形成通道、能量转换和传递、____________。
4. 电极和工件之间需要维持合理的距离，称之为______________。
5. 火花放电必须是短时间的脉冲放电，放电时间一般为______________ 。
6. 影响放电间隙的电参数有____________、____________和____________。

二、判断题（正确的打“√”，错误的打“×”）

1. 工件和电极之间的距离越大，则由它们形成的电场强度也越大。（　　）
2. 铣床用的切削液可以作为火花放电的液体介质。（　　）
3. 通常情况下，工件应该接电源正极，这种接法称为正极性接法。（　　）
4. 脉冲能量较大时，阴极材料的蚀除量大于阳极材料的蚀除量。（　　）
5. 脉冲宽度越大，表面粗糙度值越大。（　　）
6. 由于电火花加工存在覆盖效应，可以有利于降低电极的损耗。（　　）

三、选择题（将正确答案的代号填入括号内）

1. 下列液体中不适合作为火花放电介质的是（　　）。

   A. 自来水　　B. 煤油　　C. 去离子水
2. 下列因素对于工件表面质量的影响，说法正确的是（　　）。

   A. 峰值电流越大，表面精度越高

   B. 工具电极的表面质量越好，工件的表面粗糙度值越小

   C. 电极材料对工件的加工质量影响不大
3. 下列不属于影响放电间隙的非电参数是（　　）。

   A. 冲抽切削液方式　　B. 工件材料　　C. 脉冲宽度
4. 关于电火花加工的特点，描述正确的是（　　）。

   A. 不受加工材料的影响

   B. 没有机械切削力，所以不需要固定

   C. 能加工细微和复杂的型面

5．关于电加工的应用场合，描述不正确的是（　　）。

A．可以加工直形盲孔　　B．可以加工弯孔　　C．可以加工环形内腔

四、简答题

1．什么叫极性效应？它在电火花线切割加工中是怎样应用的？

2．什么叫脉冲宽度？

3．电火花加工的主要应用场合有哪些？

4．非电参数对放电间隙有什么影响？

5. 实现电火花线加工应具备的条件有哪些？

6. 什么叫覆盖效应？它对电火花加工有什么影响？

7. 在电火花线加工过程中，影响零件表面粗糙度的主要因素有哪些？请具体说明。

课题二　数控加工基础知识

一、填空题（将正确答案填写在横线上）

1. 数控机床是指采用____________技术对机床的加工过程进行自动控制的机床。
2. 数控电火花加工机床包括线切割机床、____________和____________。
3. 对于形状复杂的零件，采用____________方法进行数控编程。
4. G92 X0 Y0 表示当前坐标为____________。
5. M 指令是用来控制机床____________________。
6. G21 G04 X7200 表示暂停的时间为____________。

二、判断题（正确的打“√”，错误的打“×”）

1. G90 为增量坐标指令，即当前点坐标值是以上一点为参考点得出的。　（　　）

2．执行 M02 和 M30 代码后，机床都自动停止，所以两代码可以互用。 （　　）

3．在 G 代码中，G20 表示选择的单位为 mm。 （　　）

4．为了完成多个辅助功能，在程序的一个语句中可采用多个 M 代码。 （　　）

三、选择题（将正确答案的代号填入括号内）

1．下列机床中，（　　）能够加工 ϕ0.5 mm、深 20 mm 的小孔。

A．Z512 台钻　　B．加工中心　　C．数控电火花小孔机

2．在笛卡尔坐标系中，大拇指的指向表示（　　）的正方向。

A．X 轴　　B．Y 轴　　C．Z 轴

3．下列 G 代码中，不是圆弧加工指令的是（　　）。

A．G01　　B．G02　　C．G03

4．在线切割数控机床中，表示电极右补偿功能的代码是（　　）。

A．G40　　B．G41　　C．G42

四、简答题

1．简述日常生活中常见的数控机床种类及其用途。

2．解释 G00 和 G01 的含义，并写出两者在使用时的区别。

3．解释下面一段加工指令，建立坐标并绘制刀具运动轨迹。

G90 G54 G00 X10. Y20. ;

G02 X50. Y60. I40. ;

G03 X80. Y30. I20. ;

五、操作题

1. 编写加工程序，要求如下：在工件表面建立工件坐标系 G54（图 1—1），并按箭头所示的路径进行零件外轮廓加工。

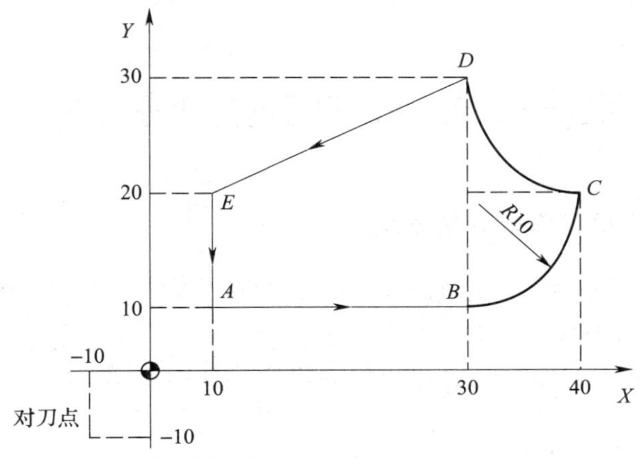

图 1—1

2. 编制如图 1—2 所示的零件外轮廓数控加工程序。

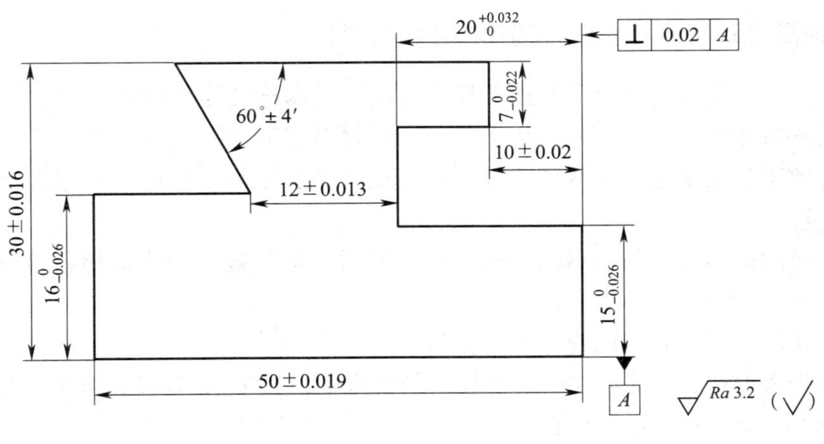

图 1—2

模块二　快走丝电火花线切割加工

课题一　电火花线切割加工基础知识

一、填空题（将正确答案填写在横线上）

1. 按电极丝的运行速度，可把电火花线切割机床分为__________和__________。

2. 快走丝线切割机床电极丝的运动形式是________________________。

3. 现有型号为 DK7725E 的电火花线切割机床，其中 D 表示________________，25 表示____________________。

4. 电火花线切割加工过程中，电极丝的进给速度是由_____________和_____________决定的。

5. 电极丝的偏移量等于________________与________________之和。

二、判断题（正确的打“√”，错误的打“×”）

1. 中走丝是指走丝速度介于高速与低速之间，所以称之为“中走丝”。（　　）

2. 慢走丝机床的电极丝通常选用铜丝，因铜材料较贵，需要循环利用。（　　）

3. 加工效率是衡量电火花线切割加工速度的参数，是以单位时间内电极丝加工过的周长大小来衡量。（　　）

4. 电极丝的进给速度与材料的蚀除速度一致时，加工效率和表面粗糙度达到较好的状态。（　　）

5. 电极丝位于理论轨迹的左边即为左偏。（　　）

6. 在型号为 DK7632 的数控电火花线切割机床中，数字 32 是机床基本参数，它代表该线切割机床的工作台宽度为 320 mm。（　　）

7. 线切割加工影响了零件的结构设计，无论何种形状的孔（如方孔、小孔、台阶孔、窄缝等）都可以加工。（　　）

三、选择题（将正确答案的代号填入括号内）

1. 下列选项中，属于按电极丝运动轨迹的控制形式分类的是（　　）。

A. 中走丝电火花线切割机床

B. 靠模仿形控制线切割机床

C. 晶体管电源控制线切割机床

2. 下列不属于线切割机床作用的是（　　）。

A. 加工电机转子冲片　　B. 加工铜电极　　C. 加工 ϕ5mm 的盲孔

3. 关于放电间隙的定义，表述正确的是（　　）。

A. 放电发生时电极丝与工件的距离

B. 电极丝与理论轨迹之间的距离

C. 放电开始时电极丝与工件的距离

4. 电火花线切割加工过程中，工作液不必具有的性能是（　　）。

A. 绝缘性能　　B. 润滑性能　　C. 冷却性能

5. 下列不属于线切割机床加工优点的是（　　）。

A. 电极丝材料无须比工件材料硬

B. 加工过程中刀具不直接接触工件

C. 不仅可以加工金属等导电材料，还可以加工非导电材料

四、简答题

1. 解释机床型号 DK7635E 的含义。

2. 线切割机床常见的用途有哪些？

3. 分析短路和开路对切削加工的影响。

4. 电火花线切割加工的局限性主要体现在哪几个方面？

5. 电火花线切割加工的优点有哪些？

课题二　快走丝电火花线切割加工基本操作

一、填空题（将正确答案填写在横线上）

1. 快走丝线切割机床通常采用高强度的________作为电极丝。
2. 快走丝线切割机床的走丝速度通常为____________。
3. 控制系统的主要作用是在线切割过程中，控制钼丝相对于工件的____________和____________。
4. 小滑板主要用于线切割机床控制零件的________加工。
5. 在特定的工艺条件下，脉宽增加，切割速度________，表面粗糙度________。
6. 在特定的工艺条件下，脉间间隙减小，切割速度______，表面粗糙度______。
7. 脉间间隙不能太小，否则________不充分，电蚀产物来不及排除。
8. 加工电流的选择是根据____________来确定的。
9. 有效减少材料变形的方法包括________________和________________。
10. 定位孔精度的影响因素包括______________和__________________。
11. 运丝系统包括丝筒、配重、导轮和________。
12. 常见的工件找正方法有________________和________________。

13. 线切割加工时由于电磁力的作用，电极丝会产生一个挠曲变形而滞后，在进行拐角切割时，会造成________________________。

14. 开路是指电极丝的进给速度________材料的蚀除速度。开路不但影响加工速度，还会形成__________，影响已加工面精度。

15. 脉冲放电需要多次进行，并且多次脉冲放电在时间上和空间上是分散的，避免发生________________。

16. 用手摇方式对储丝筒进行上丝操作后，应及时__________，防止储丝筒转动时将摇柄甩出伤人。

17. 废丝要放在________________，防止混入电路和走丝系统中，造成短路、触电和断丝事故。

18. 正式加工工件之前，应确认__________________________，防止碰撞丝架和因超程撞坏丝杠、螺母等传动部件。

19. 在检修机床、机床电器、脉冲电源、控制系统之前，应注意____________，防止损坏电路元件和触电事故的发生。

20. 一旦发生因短路造成的火灾时，应首先____________，立即用四氯化碳等合适的灭火器灭火，不准用水灭火。

21. 定期检查机床的____________是否可靠，注意各部位是否漏电，尽量采用防触电开关。

22. 对电火花线切割机床的维护及保养是必不可少的，一般的维护及保养有两个方面，即____________保养和____________保养。

23. 日常维护及保养过程中，先______________，对运行中的设备要注意观察，发现问题必须立即停机处理。

24. 线切割机床上需定期润滑的部位主要有机床导轨、__________、传动齿轮、导轨轴承等，一般用油枪注入润滑油。

25. 手控盒主要用于操作者____________________时对机床进行操作。

26. 上丝操作主要包括装丝、__________、行程调节、____________、钼丝校正等多个环节。

27. 绕丝一般有______________绕丝和________________绕丝两种。

28. 感应限位开关的极限位置主要用来____________________。

29. 当所绕钼丝距离丝筒右端极限位置____________处时，将右端丝头固定在储丝筒右端螺母上，并剪断多余丝头。

30. 先将左限位挡铁放至左端触点，以免开启储丝筒反转而出现________________。

31. 穿丝就是将储丝筒上的钼丝____________________________。

32. 安装好的钼丝，应保证钼丝与工件上表面垂直，否则会影响________________。

33. 在校正电极丝垂直度之前，应保证________________________。

二、判断题（正确的打“√”，错误的打“×”）

1. 电火花线切割加工依靠成形电极完成对零件的加工。（　　）

2. 上滑板控制工件 Y 方向的运动。（　　）

3. 电火花线切割机床的工作液要求较高，通常需要较高的绝缘性，因此，加工后的污水不可循环再利用，否则会影响加工质量。 ( )

4. 脉宽越大，切割速度越快，所以增大脉宽是提高加工速度的主要途径。 ( )

5. 由于脉间间隙很短暂，所以对加工速度影响不大，反而对表面粗糙度影响较大。 ( )

6. 电极丝的张力是保证加工零件精度的一个重要因素，除受丝径影响外，还受使用时间长短的影响。 ( )

7. 定位孔口倒角，有利于去除毛刺，进而提高定位精度。 ( )

8. 电极丝与导电块接触是否良好，对工件的垂直度影响不大。 ( )

9. 运丝的平稳性对工件表面质量影响不大。 ( )

10. 电极丝的张力越大则电极丝绷得越直，工件表面一致性越好，所以张力越大越好。 ( )

11. 快走丝线切割机床的导轮要求使用硬度高、耐磨性好的材料制造，如高速钢、硬质合金、人造宝石或陶瓷等材料。 ( )

12. 电火花线切割加工机床脉冲电源的脉冲宽度一般为 2 ~ 60 μs。 ( )

13. 数控电火花线切割机床的控制系统不仅对轨迹进行控制，同时还对进给速度等进行控制。 ( )

14. 必要时，可以用湿手按开关或接触电器部分。 ( )

15. 停机时，应先停工作液，再停高频脉冲电源，让电极丝运行一段时间，并等储丝筒反向后再停走丝机构。 ( )

16. 电极丝中存在打结现象是正常的，不影响加工。 ( )

17. 电气系统的控制柜和强电柜的门应尽量少开，防止灰尘、油雾对电子元器件的腐蚀及损坏。 ( )

18. 快走丝线切割机床上，需定期更换的易损件有导轮、进电块、挡丝块和导轮轴承。 ( )

19. 利用手柄对储丝筒进行上丝操作后，应及时将摇柄拔出，防止储丝筒转动时将摇柄甩出伤人。 ( )

20. 定期检查机床的保护接地是否可靠，注意各部位是否漏电，尽量采用防触电开关。 ( )

21. 机床先空车运转，等到充分润滑及达到热平衡后再工作。 ( )

22. 机床应避开阳光直射，尽量远离振动源。 ( )

23. 在加工过程中若出现断丝，机床会自动报警，指示灯亮，进行断丝保护。按下断丝保护键，断丝保护开启。 ( )

24. 要求切割速度高或加工大厚度工件时，乳化液浓度稠些，以便于洗净工件。 ( )

25. 对大厚度工件切割，可适当加入洗涤剂，如“白猫”洗洁精，以改善排屑性能，提高加工稳定性。 ( )

26. 丝盘通常按“逆时针”方向放丝。 ( )

27. 手动绕丝时，盘动丝筒转过 3 ~ 5 圈，使钼丝整齐、有序地排列在丝筒上，避免叠丝。 ( )

28. 自动绕丝时，将手控盒上的丝速调节旋钮调至低速，以免丝筒旋转过快导致断丝。
( )

29. 线切割机床的穿丝顺序：左下导轮→右下导轮→左上导轮→右上导轮→压紧轮→前导轮。 ( )

30. 穿丝时，转动储丝筒，确定钼丝最右端与左上导轮的位置大致对齐。 ( )

31. 储丝筒上电极丝储丝量的多少决定储丝筒上参与加工的钼丝长度。 ( )

32. 新装的电极丝，要进行反复几次紧丝操作，才能保持电极丝松紧适度。 ( )

三、选择题（将正确答案的代号填入括号内）

1. 判定线切割最大切割厚度的主要依据是（ ）。
   A. 立柱支架的可调行程
   B. 上滑板允许运动的最大距离
   C. 下滑板允许运动的最大距离
2. 脉宽的取值，下列（ ）因素是不需要考虑的。
   A. 工艺指标
   B. 加工材料的材质及厚度
   C. 加工零件的形状
3. 关于表面粗糙度的影响因素，说法正确的是（ ）。
   A. 脉宽越大，表面粗糙度值越大
   B. 脉间越大，表面粗糙度值越大
   C. 电流越大，表面粗糙度值越大
4. 下列材料中，不可以用作快走丝电极的是（ ）。
   A. 铜丝　　B. 钼丝　　C. 钨丝
5. 材料的内应力中，（ ）应力对线切割加工变形影响较大。
   A. 体积　　B. 热　　C. 组织
6. 垂直度的影响因素，不包括的是（ ）。
   A. 电极丝运动时，是否抖动
   B. 导轮轴承运转是否灵活
   C. 电极丝是否磨损
7. 不能有效解决塌角的方法是（ ）。
   A. 程序段末延时　　B. 电极丝张紧　　C. 过切
8. 对加工表面及尺寸精度没有影响的是（ ）。
   A. 电极丝的抖动　　B. 电极丝的张力　　C. 电极丝的直径
9. 下列不属于穿丝孔加工强制要求的是（ ）。
   A. 穿丝孔的直径　　B. 穿丝孔的形状　　C. 穿丝孔的位置
10. 不属于电极丝找正方法的是（ ）。
   A. 找正器找正　　B. 目测法找正　　C. 校正仪找正
11. 在线切割加工过程中如果产生的电蚀产物如金属微粒、气泡等来不及排除、扩散出去，以下有关其产生的影响说法不正确的是（ ）。

A. 改变间隙介质的成分，并降低绝缘强度

B. 使放电时产生的热量不能及时传出，消电离过程不充分

C. 容易使金属表面生锈

12. 线切割加工过程中，在其他条件不变的情况下，增大脉冲宽度，不能实现的是（ ）。

A. 提高切割速度　　B. 表面粗糙度会变好　C. 增大电极丝损耗

13. 线切割加工厚度较大的工件时，下列说法正确的是（ ）。

A. 工作液的浓度要大些，流量要略小

B. 工作液的浓度要小些，流量要大些

C. 脉冲宽度取较大值，脉冲间隔取较小值

14. 下列关于电极丝的张紧力对线切割加工的影响，说法正确的是（ ）。

A. 电极丝张紧力越大，其切割速度越大

B. 电极丝张紧力越小，其切割速度越大

C. 电极丝张紧力越大，电极丝有可能发生疲劳而造成断丝

15. 关于抖丝原因分析，不正确的是（ ）。

A. 电极丝松动

B. 轴承、导轮、排丝轮磨损

C. 机床地脚不稳

16. 有效解决因切削液进入轴承导致导轮跳动的措施是（ ）。

A. 调整导轮轴向间隙　B. 用煤油清洗轴承　C. 更换轴承及导轮

17. 不属于日常保养主要内容的是（ ）。

A. 润滑运动部件

B. 调整传动机构

C. 检查和调整各部分配合间隙

18. 下列属于调节、跟踪不稳定操作的是（ ）。

A. 调整电参数　　B. 张紧电极丝　　C. 调节电极丝垂直度

19. 导轮跳动有啸叫声，转动不灵活的原因是（ ）。

A. 电参数选择太大　B. 导轮轴向间隙太大　C. 电极丝张力太大

20. 不属于影响加工精度的因素是（ ）。

A. 传动丝杠间隙过大　B. 传动齿轮间隙过大　C. 电极丝和工件间隙太大

21. 调整挡丝块和进电块的目的是（ ）。

A. 改变电极丝与挡丝块和进电块的接触位置

B. 调整电极丝的张力

C. 改变放电间隙

22. 穿丝时，不属于钼丝检查项目的是（ ）。

A. 检查电极丝的直径

B. 检查钼丝是否位于各导轮槽中

C. 检查钼丝是否位于导电块上方

23. 下列（ ）不属于感应限位开关的作用。

A．调节丝筒的行程　　B．调节钼丝的张力　　C．改变丝筒的运动方向

24．下列对钼丝的操作中，（　　）需要用到小滑板。

A．上丝　　B．紧丝　　C．校正钼丝

25．钼丝需要在（　　）个方向进行校正。

A．1　　B．2　　C．3

26．下列（　　）不属于紧丝操作的步骤。

A．钼丝运行到一端　　B．上提紧丝轮　　C．调节挡铁位置

27．下列（　　）不属于穿丝操作的步骤。

A．钼丝始端对齐导轮　　B．检查钼丝　　C．检查钼丝张紧力

四、简答题

1．快走丝线切割机床的组成部分有哪些？

2．脉间间隙对加工过程有什么影响？

3．运丝系统对加工精度有什么影响？

4．影响加工精度的电参数有哪些？

5．线切割加工时工件的加工流程是什么？

6．电火花线切割在进行工件装夹时有何装夹特点？

7．定期维护与保养的主要内容有哪些？

8．如何保养、润滑机床？

9．分析工件表面有明显丝痕的原因，并写出其排除方法。

10．分析工件表面烧伤的原因，并写出其排除方法。

11．操作线切割机床前需要有哪些准备工作？

12．线切割机床操作过程中有哪些要求？

13．操作线切割机床后，还应完成哪些工作？

14. 简述手动上丝的操作步骤。

15. 简述穿丝的操作步骤。

16. 简述走丝行程的调节步骤。

17. 简述紧丝的操作步骤。

18．钼丝校正时，需要注意哪些要点？

五、实训题

1．利用手控盒对储丝筒自动上丝，并调节运丝行程，记录操作要点。

2．利用紧丝轮对新安装的钼丝进行张紧，并记录操作要点。

3．取下靠近摇把一端的丝头，用合理的顺序完成穿丝操作，并记录操作要点。

课题三　模具零件外轮廓加工

一、填空题（将正确答案填写在横线上）

1．AutoCut 快走丝电火花线切割编控系统支持________________，用户利用 CAD 软件绘制加工图样即可自动生成机器识别的代码，完成零件的加工。

2．快走丝电火花线切割加工零件类型很多，按加工零件的轮廓外形可分为外轮廓加工、内轮廓加工、________________、____________等。

3．成批零件加工时，最好采用____________，以提高工作效率。

4．快走丝电火花线切割加工中的工件装夹方式有悬臂支承装夹、垂直刃口支承装夹、____________、______________、复式支承装夹、V 形夹具支承装夹和________________。

5．常用的工件找正方法有靠定法、____________、量块法、划针法及________。

6．单次加工轨迹编制对话框，设定参数主要有____________和____________。

7．凸件多次轨迹加工时，为保证工件在最后一次切割之前没有完全脱离坯料而设定的余料宽度，称之为____________。

8．钼丝补偿值为电极丝半径与放电间隙值之和，此处放电间隙一般为__________。

9．参数项修改完毕后，单击__________按钮，即可将修改后的参数更新到工艺参数中。

10．工艺参数选项卡主要包括________、______、分组、分组间距、________等。

11．钼丝安装完成后，依次进行钼丝校正、工件找正、________、工件加工。

二、判断题（正确的打“√”，错误的打“×”）

1．线切割机床的 X、Y、U、V 4 轴可设置换向，驱动电机可设置为四相八拍、三相六拍等。（　）

2．AutoCut 系统采用四轴联动控制技术，可以方便地进行上、下异形面的加工，使复杂锥度图形加工变得简单而精确。（　）

3．待装夹工件的基准部位应清洁、无毛刺，符合图样要求。（　）

4．靠定法就是用量块靠近工件基准面，通过观察量块与工件的透光度来找正工件的方法。（　）

5．加工结束后，工件有时不能完全脱离，可以在生成轨迹时设置过切量使得加工后的工件能够完全脱离。（　）

6．左偏移是指钼丝位置位于工件轮廓左侧。（　）

7．控制界面上，“步进电动机显示”用来完成电机的锁定或解锁。（　）

8．空走限速就是限制机床在回退时的最大速度。（　）

9．在凸模加工过程中，“凸模台宽”设为 0，钼丝补偿量通常为 0.1 mm。（　）

10．悬臂式支承是快走丝线切割最常用的装夹方法，其特点是通用性强，装夹方便，装夹后稳定，平面定位精度高，适用于装夹各类工件。（　）

三、选择题（将正确答案的代号填入括号内）

1. 关于工件装夹的一般要求，描述不正确的是（　　）。

A. 装夹位置应有利于工件的找正

B. 加工成批零件时最好采用专用夹具

C. 细小、精密、薄壁的单个工件可不做夹具

2. 待加工的零件切割余量较小，加工精度又较高，不利于装夹时，可采用的装夹方式是（　　）。

A. 桥式支承装夹　　B. 板式支承装夹　　C. 复式支承装夹

3. 加工某些外周边已无装夹余量或装夹余量很小且中间有孔的零件，可采用的装夹方式是（　　）。

A. 桥式支承装夹　　B. 板式支承装夹　　C. 复式支承装夹

4. 装夹圆柱形工件，可采用的装夹方式是（　　）。

A. V 形夹具支承装夹　　B. 垂直刃口支承装夹　　C. 复式支承装夹

5. 下列不属于工件找正方法的是（　　）。

A. 量块法　　B. 校正器校正法　　C. 划针法

6. 对绘制好的图形进行切割轨迹编程，在工具栏“AutoCut”选项的下拉菜单中选择（　　）命令，进入编程界面。

A. “生成 3 位编码多次加工轨迹”

B. “生成加工轨迹”

C. “发送加工任务”

四、简答题

1. 写出工件程序的编写步骤。

2. 写出设置高频参数的操作步骤。

3. 电火花线切割加工工件时，对工件装夹有何要求？

4. 切割凸模时，图 2—1a ~ 图 2—1d 四个图形表示穿丝孔位置及切割方向，选择最合理的选项，并说明理由。

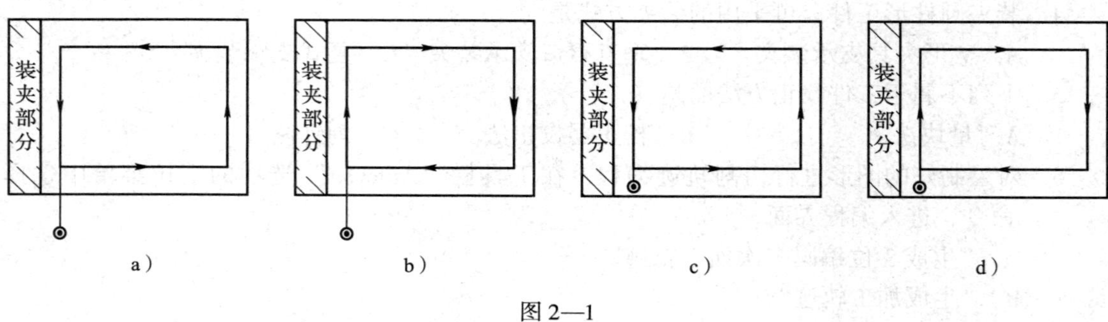

图 2—1

5. 分析出现断丝的原因。

五、实训题

1. 利用 CAD 软件绘制如图 2—2 所示的零件图，并编写程序进行切割加工。

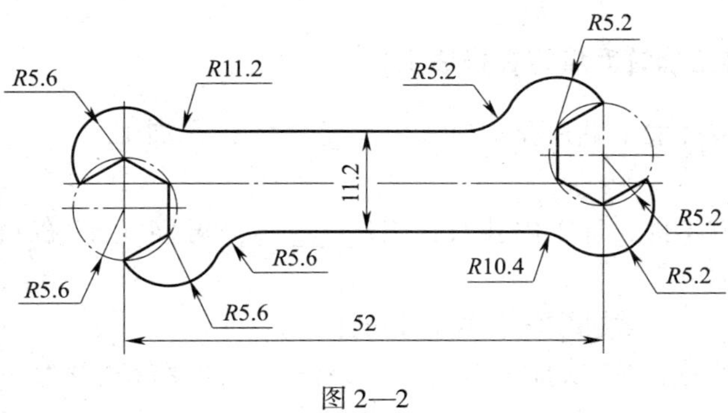

图 2—2

2. 利用 CAD 软件绘制如图 2—3 所示的零件图，完成工件的装夹，并编写程序进行切割加工。

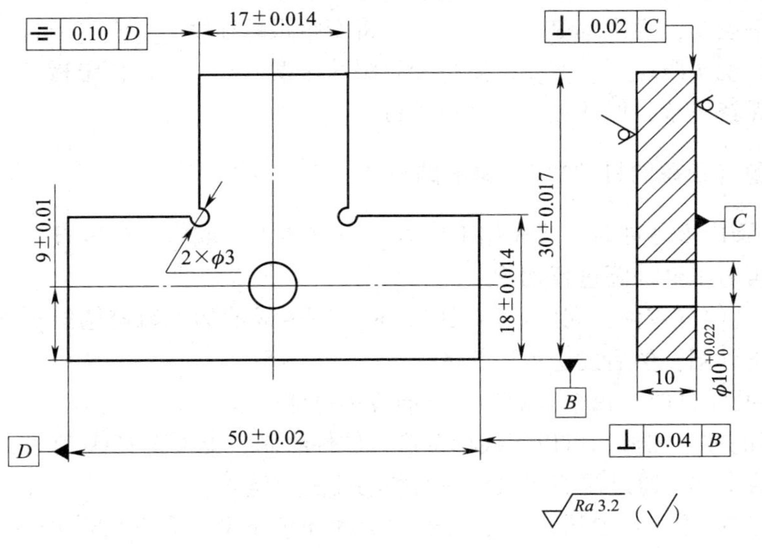

图 2—3

课题四　模具零件内轮廓加工

一、填空题（将正确答案填写在横线上）

1. 外圆内方的零件加工顺序是先加工__________，后加工__________，减少二次装夹带来的定位误差。

2. 针对外圆内方零件，加工内孔时，应选________偏移（左/右）；加工外圆时，应选________偏移（左/右）。

3. 通过__________方式确定零件穿丝孔的位置。

4. 加工孔类零件时，“多次加工轨迹”对话框中的凸模台宽设为________。

5. 苏州新火花线切割机床的 W3/W5 电柜共有________挡自动走丝速度，走丝速度固定，由变频器控制，速度从低到高。

6. 当储丝筒被设为手动控制时，其走丝速度大小由____________________进行调节，主要用于上丝操作。

7. 为了得到更好的加工表面粗糙度及加工精度，一般采用________________的加工工艺，修刀过程中，应降低________________，从而减小电极丝的抖动；应减小____________与________，减小单个脉冲的放电能量，提高表面粗糙度。

8. 线切割加工过程中，电流表出现较大摆动，说明变频跟踪不稳定，需进行调节。当电流表总是向下摆动，说明跟踪________，需将变频跟踪速度__________；反之，当电流表总是向上摆动，说明跟踪________，需将变频跟踪速度________，使电极丝的进给速度与工件的腐蚀速度保持一致，保证加工的顺利进行。

二、判断题（正确的打“√”，错误的打“×”）

1. 加工外圆内方零件时，应先加工内方，内方加工完成后，机床直接按照程序至指定的穿丝孔处，再对工件外圆进行切割。（　　）

2. 针对外圆内方零件，在发送加工任务时，对生成的加工轨迹选择顺序是：先点击四方形孔，再点击外圆，然后发送加工任务。（　　）

3. 加工多孔零件时，每个孔的加工方向应尽可能一致。（　　）

4. 线切割的加工图形，可以用线切割进行软件绘制，也可将 CAD 软件绘制的图形保存为 . DXF 格式的文件，通过线切割软件的调图功能进行读入。（　　）

5. 在加工过程中，当电压表、电流表的指针稳定不动，则此时的进给速度是均匀的、平稳的，是加工速度及表面粗糙度均好的最佳状态。（　　）

6. 线切割加工中的补偿参数值应为钼丝直径与放电间隙之和。（　　）

三、选择题（将正确答案的代号填入括号内）

1. 加工外圆内方零件时，需要点击（　　）次“生成 3 位编码多次加工轨迹”。

A. 1　　　　B. 2　　　　C. 3

2. 储丝筒被设为手动控制时，“多次加工轨迹”对话框中走丝速度代码应为（　　）。

A. 0H　　　　B. 1H　　　　C. 7H

3. “多次加工轨迹”对话框中走丝速度最快的代码应为（　　）。

A. 0H　　　　B. 1H　　　　C. 7H

4. 用线切割机床加工直径为 10 mm 的圆孔，在加工过程中当电极丝的补偿量设置为 0.12 mm 时，加工孔的实际直径为 10.02 mm，如果要使加工的孔径为 10 mm，则采用的补偿量应为（　　）。

A. 0.10 mm　　　　B. 0.11 mm　　　　C. 0.12 mm

5. 有关线切割机床安全操作方面，以下说法正确的是（　　）。

A. 当机床电器发生火灾时，可以用水进行灭火

B. 线切割机床在放电加工过程中的放电电压不高，所以加工中可以用手接触工件及工作台面

C. 手动上丝时，应将储丝筒上的旋转手柄取下后，才能开启运丝电动机

四、简答题

1. 用苏州新火花中走丝线切割机床加工工件时，需设定相关参数，简述高频参数的设定原则。

2. 电火花切割中常采用哪些措施来提高加工质量?

五、实训题

1．完成如图 2—4 所示工件的装夹、校正，编制加工工艺，并利用 CAD 绘制零件图，生成加工程序。

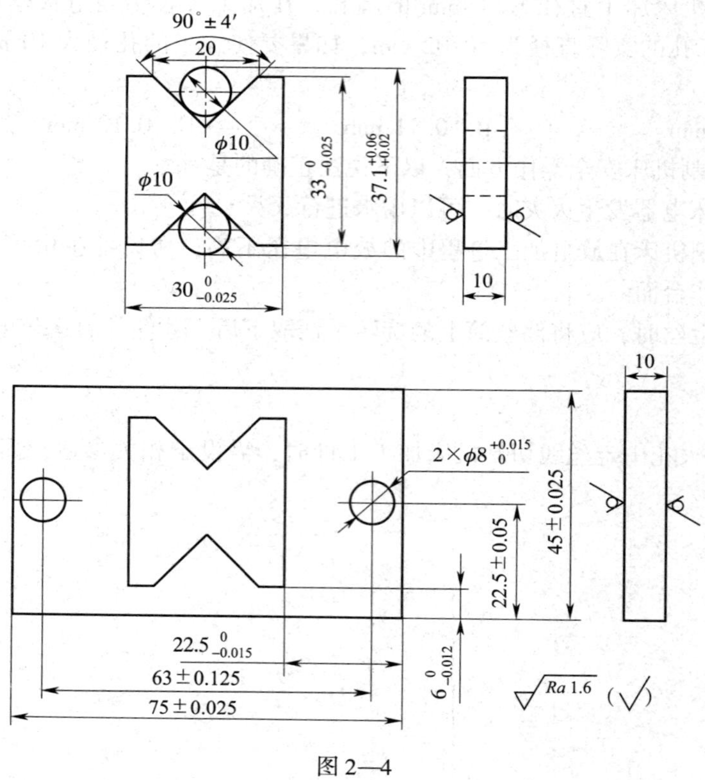

图 2—4

2. 完成如图 2—5 所示工件的装夹、校正，编制加工工艺，并利用 CAD 绘制零件图，生成加工程序。

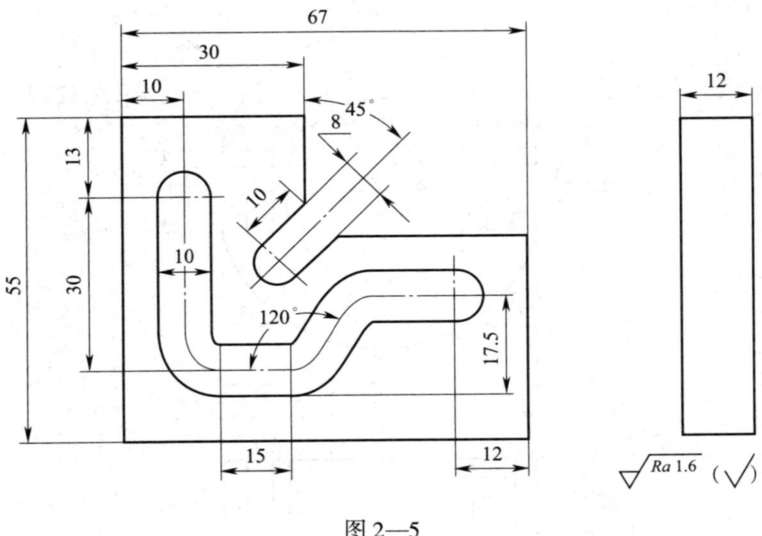

图 2—5

3．完成如图 2—6 所示工件的装夹、校正，编制其加工工艺，并利用 CAD 软件绘制零件图，生成加工程序。

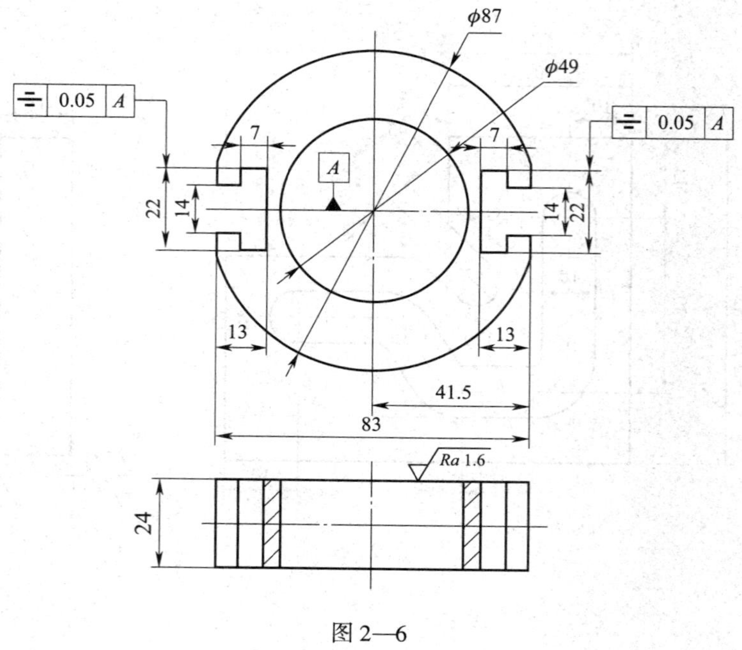

图 2—6

课题五　模具零件锥度加工

一、填空题（将正确答案填写在横线上）

1．线切割机床有＿＿＿＿＿＿＿＿＿＿四个轴，其中＿＿＿＿＿＿＿＿两轴用于平面加工，＿＿＿＿＿＿＿两轴用于锥度或异形面加工。

2．在进行锥度加工时必须正确设定好＿＿＿＿＿＿、＿＿＿＿＿＿＿＿＿＿＿＿＿＿＿＿和＿＿＿＿＿＿＿＿＿＿＿＿＿＿三个参数。

3. 锥度的线切割加工可通过控制________________按一定程序轨迹移动来实现。

4. 根据机床的结构布局安排，有三种实现锥度的方式：______________________，______________________和上、下丝架都可动。

5. 在上、下异形面锥度生成轨迹前，先用________________生成上、下表面的两个加工轨迹。

6. 在生成锥度轨迹时，可以借助“视图”工具栏中的__________________命令，按住鼠标中键可以转动图像，查看零件的三维视图。

二、判断题（正确的打“√”，错误的打“×”）

1. 加工上、下形状一致的锥度角时，只需根据实际加工条件编制上面加工轨迹或下面加工轨迹。（　　）

2. 下导轮到工作台的距离就是下导轮圆心到工件上表面的距离。（　　）

3. 如果按照逆时针方向切割时，取正角度，工件则上大下小（即正锥）。（　　）

4. 上、下异形和圆锥的加工方法一致，只需选择上、下两个加工轨迹。（　　）

5. 加工锥度时，生成上、下轨迹的方向可以不一致。（　　）

三、简答题

1. 写出影响锥度加工的主要参数。

2. 数控线切割机床加工锥度零件时，工件表面有明显丝痕的原因是什么？写出解决措施。

四、实训题

1．加工如图 2—7 所示的锥度零件，生成加工程序，并利用 AutoCut 模拟加工验证程序的正确性。

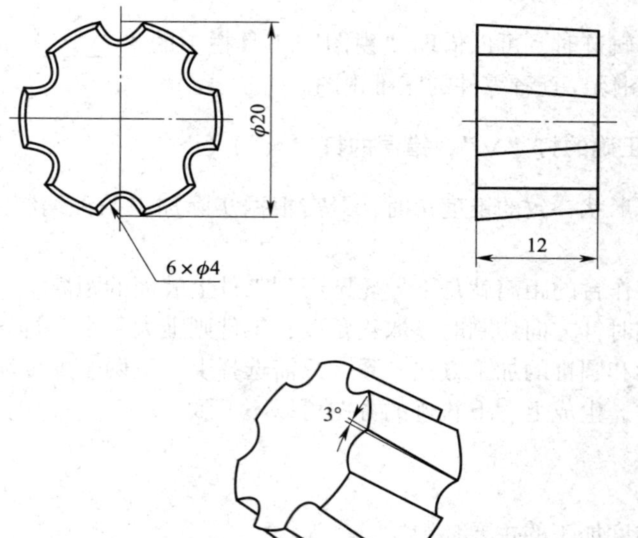

图 2—7

2．加工如图 2—8 所示的异形零件，生成加工程序，并利用 AutoCut 模拟加工验证程序的正确性。

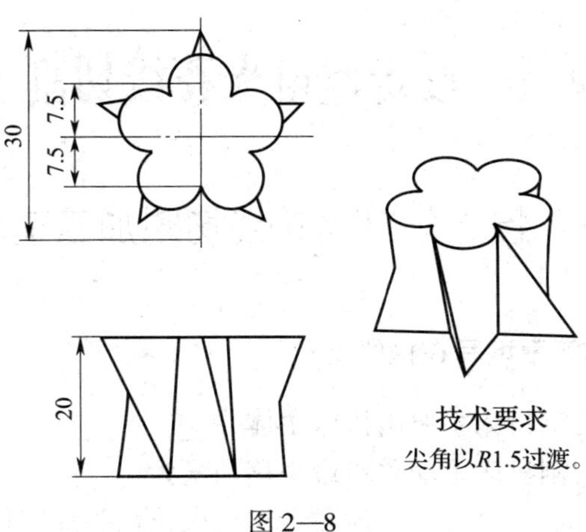

图 2—8

模块三　慢走丝电火花线切割加工

课题一　慢走丝电火花线切割加工基本操作

一、填空题（将正确答案填写在横线上）

1. 慢走丝电火花线切割机床主要由机床主体、______________及电柜三大部分组成。

2. 慢走丝电火花线切割机床手动单步最小移动量为____________。

3. 电控柜里安装______________，为慢走丝电火花切割加工提供必备的高频脉冲电源，从而不断放电腐蚀材料，以此完成切割加工工作。

4. 加工电流的取值取决于所选择的工艺和______________。

5. 恒定速度 VS 值的变化影响切割面形状，高 VS 值产生________，低 VS 值产生________。

6. 有效冲水时喷嘴与工件表面的距离应控制在____________ mm 左右。

7. 慢走丝的切割路径上因存在孔类型腔造成断续切割和边缘切割，当切割到此处时需要适当________________，以防断丝。

8. 慢走丝电火花线切割机床手控盒的功能包括实现移轴，__________和__________。

9. 进给齿轮箱的润滑时间为______________，润滑剂为____________。

10. 运丝、收丝和 Z 轴三处同步齿形带的保养周期是________________。

11. 电柜温度报警说明________________。

12. 清洗水箱后，重新装入蒸馏水或纯净水。先将清水箱灌满水直到溢出至污水箱，继续向污水箱灌水直到水位高至____________________。

13. 观察过滤器压力表读数，如果读数接近 2.0 bar 或者__________________________，就应考虑更换滤芯。

14. 当废丝堆积到筒深的________时，需对其进行及时清理。

15. 在慢走丝线切割机床使用过程中，应每切割超过________就对导电块进行清洗及维护操作。

二、判断题（正确的打“√”，错误的打“×”）

1. 采用慢走丝电火花线切割加工时，加工功率越大，加工速度越快，但同时出现断丝和几何误差的可能性也越大。（　　）

2. 慢走丝电火花线切割机床由于放电参数对电极丝影响不大，断丝处理时无须调小电参数。（　　）

3. 慢走丝加工所用高压水的压力很大，如果上（或下）喷嘴不能贴在工件表面，需要

做好防水措施。（　　）

4. 慢走丝线切割机床数控系统提供手动准备操作，用于加工前的准备。（　　）

5. 在对手动准备窗口进行操作时，可以启动加工任务，如找边、找中心等。（　　）

6. 在执行手动准备窗口中的“移动”功能时，先选择“坐标模式”，再选择“坐标轴向及移动量”，最后按“移动”键，执行移动命令。（　　）

7. 导向器是慢走丝线切割机床导丝机构中的主要部件，它的寿命要比快走丝机床的导轮长。（　　）

8. 线架导轮的滚动轴承用高速润滑油脂润滑，每半年更换一次。（　　）

9. 滤芯的更换周期是一年，驱动轮与导轮的保养周期是一周。（　　）

10. 慢走丝电火花线切割机床电控柜若温度过高，会自动关机，不需要操作者过分担心。（　　）

11. 在加电以前，检查并确保所有急停开关处在断开状态。（　　）

12. 在坐标轴移动之前，应确认工作台未安装工件且丝架上未安装电极丝，避免电极丝与工作台上的工件碰撞。（　　）

13. 清出的污水可排入下水道，无须排入专门的废水处理系统。（　　）

14. 在慢走丝线切割机床使用过程中，每切割 10 h 就要清洗驱动轮和导轮一次，以保证它的清洁、干净。（　　）

三、选择题（将正确答案的代号填入括号内）

1. 下列不属于慢走丝电火花线切割机床工作液系统组成部分的是（　　）。
   A. 高压泵　　B. 离子交换器　　C. 液槽

2. 慢走丝电火花线切割机床中表示“主切”加工模式代码的是（　　）。
   A. 0　　B. 1　　C. 2

3. 下列（　　）因素不影响空载电压。
   A. 电极丝　　B. 工件材料　　C. 切削液的浓度

4. 关于小余料的处理方法错误的是（　　）。
   A. 用吸磁吸住，适当抬高 Z 轴
   B. 在编程时添加暂停语句，小心地敲下脱落件，然后从暂停语句后继续加工
   C. 抬高上喷嘴，利用上喷嘴压力把余料冲出

5. 下列属于慢走丝电火花线切割机床工作液的是（　　）。
   A. 蒸馏水　　B. 乳化液　　C. 肥皂水

6. 下列情况中不需要降低放电参数的是（　　）。
   A. 慢走丝沿边缘切割　　B. 喷嘴贴于工件表面　　C. 引入切割

课题二　恒锥度模具零件加工

一、填空题（将正确答案填写在横线上）

1. “放电加工”窗口包含__________、__________、__________、__________，

可以选择所需加工的NC文件和TEC文件，设置加工选项、加工参数，显示加工状态和加工轨迹。

2. “配置”栏中的“回到”按钮可以分别回到 X、Y、U、V 轴的加工起始点、______________以及 Z 轴的加工起始点和______________。

3. “配置”栏的“无人”选项的作用是____________________________。

4. “状态”页的绿色曲线表示____________加工状态。

5. “参数”页用于__________________________________。

6. 慢走丝线切割机床一般采用____________或者____________方式装夹。

7. 工件定位面要有良好的精度，一般以________________的面定位为好，棱边倒钝，孔口倒角。

8. 在进行水箱检查时，工作液槽必须是无液状态，在清水箱内介质液必须________________，污水箱的液面必须____________________，正常工作时注意水位线保持在规定的位置，适时补水以保证运行正常。

二、判断题（正确的打“√”，错误的打“×”）

1. “配置”栏中的“空运行”选项用于检测几何轨迹。（　　）

2. “配置”栏中的“缩放”选项表示在NC程序不变的情况下，可通过此项对工件图形比例进行缩放加工。（　　）

3. 与金属切削机床要承受很大的切削力不同，慢走丝线切割的加工作用力小，所以装夹无须特别牢固。（　　）

4. 电源通电时，导丝嘴和从卷丝筒到废丝箱的整个运丝系统中都有高压。（　　）

5. 圆锥孔的加工过程中若发生断丝，慢走丝线切割机床便会立刻暂停，以便原地穿丝。（　　）

6. 在清洗工作液槽时，可选用洗涤剂进行清洗。（　　）

7. 按回车键，即可弹出“输入NC程式输入档名”窗口。（　　）

三、简答题

1. 简述慢走丝机床装夹、找正工件的操作要领。

2. 简述使用慢走丝电火花线切割机床加工零件后，现场整理的操作要点。

3. 简述凸模出现中间小两头大和中间大两头小的原因及解决措施。

四、实训题

在如图 3—1 所示的平板上加工锥度孔，写出工件装夹、校正的步骤以及加工程序的生成步骤（毛坯材料为 45 钢）。

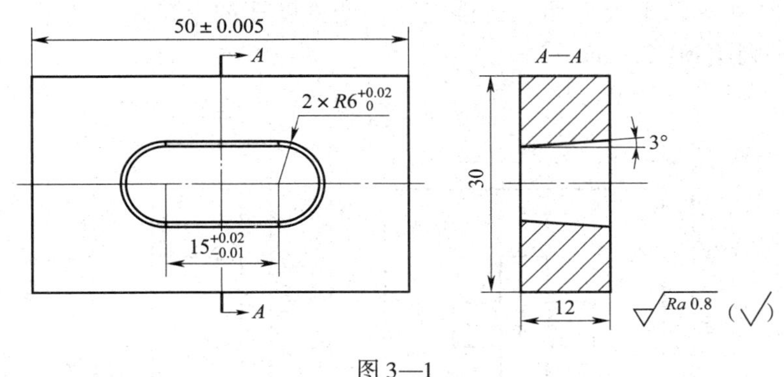

图 3—1

课题三　变锥度模具零件加工

一、填空题（将正确答案填写在横线上）

1. 加工锥度零件时，需要以________________的尺寸为准来绘图。

2. 如果____________________，则保证的是工件下表面的尺寸；高度参数 H 等于工件厚度，则保证的是________________________尺寸。

3. 如果锥度零件切割完后，程序面上的尺寸偏大或偏小，则要____________。

4. 在 TwinCAD 绘图界面下方，单击____________，弹出“刀具路径前处理参数设定”窗口。

5. 在 TwinCAD 绘图界面下方，单击“M”按钮，进行________________设置。

6. 补偿值应根据________________、工件厚度和________________，从慢走丝线切割相关工艺参数表中查得。

7. 高度参数 H 如果设置不准确，切出的直口与锥面交接处会出现________________。

二、判断题（正确的打“√”，错误的打“×”）

1. 按下回车键，即可弹出“输入 NC 程式输入档名”窗口。 （ ）

2. 高度参数 H 即程序面距工件底面的高度。 （ ）

3. 所有线切割机床高度参数调整是在配置页通过调整上、下导丝嘴距台面的高度参数实现的。 （ ）

4. 程序面就是编程时用于绘图的界面。 （ ）

三、实训题

在如图 3—2 所示的平板上加工变锥度孔，变锥度孔的上口尺寸为基准。毛坯材料为 Cr12。电极丝：铜丝 ϕ0. 25 mm。

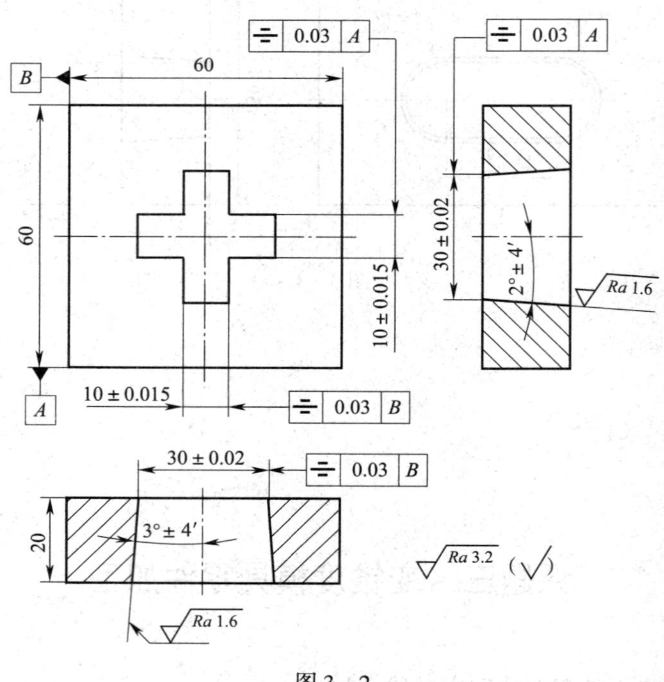

图 3—2

模块四　电火花成型加工

课题一　电火花成型加工基本操作

一、填空题（将正确答案填写在横线上）

1. ________________是自动进给调节系统的执行机构，对加工精度有最直接的影响。

2. 电火花成型机主轴头包括电极垂直调节手柄（X 方向）、电极垂直调节手柄（Y 方向）和____________________________。

3. 峰值电流和脉宽越大，则表面粗糙度________。

4. 对于电火花成型机，加工速度是指在单位时间内，工件____________________。

5. 空载电压越高，放电间隙__________；脉宽越大，放电间隙__________；峰值电流越大，放电间隙__________。

6. 冲模电火花加工工艺中，若冲模间隙较大，则加工刃口可选择较强规准，或采用____________________。

7. 面对机床正面，工作台向左移动为________，反之为________；滑枕移近工作者为________，远离为________；主轴头上升为________，下降为________；C 轴逆时针旋转为________，反之为________。

8. 电火花成型机手控盒上点动速度键单步步距为____________ mm。

9. 以北京阿奇夏米电火花加工机床为例，在准备界面的“移动”功能里输入数字“100”，则实际移动的距离为______________。

10. 自动编程功能中“间距位置的设定”表示可以通过输入________________，自动计算所有加工位置。

11. 手动模式只要输入____________、加工深度、____________等参数即可加工。

12. 以北京阿奇夏米电火花加工机床为例，机床启动后初始屏幕即为“准备”屏，同时按________和________键，可选取自动定位功能。

二、判断题（正确的打“√”，错误的打“×”）

1. 在峰值电流一定的情况下，脉宽越大损耗越大。（　　）

2. 冲抽油速度越大电极损耗越小，因为切削杂质被充分带走。（　　）

3. 在电火花成型加工中，电极的部位不同，其损耗速度也不相同。（　　）

4. 石墨在加工前应在油里浸透，以便在机械加工时避免石墨屑飞扬，清角线和棱角线不易剥落。（　　）

5. 人们常采用平动方法来扩大间隙，以达到修光型腔的目的。（　　）

6. 感知完毕后电极停止的位置由“回退量”值确定，一般此值设为1 mm，即感知完后电极距工件表面的距离为1 mm。 （ ）

7. “找内孔中心”就是把电极大概放在孔的中心。 （ ）

8. 在加工屏下按【F9】键，进入手动加工屏，此屏幕在不编程的情况下可以进行简单加工。 （ ）

9. 电火花成型机床电气部分分为日常保养、一级保养、二级保养。一、二级保养均由数控设备维修人员负责，电火花成型机床的操作者协助进行。 （ ）

10. 整理线路及更换老化导线属于电气强电控制系统的二级保养。 （ ）

11. 电火花成型机具有记忆功能，开机不需要回原点。 （ ）

12. 选择中速速度，0～9挡共10挡位，对应使工作台以（100～1 000）mm/min的速度向左、向右移动。 （ ）

三、选择题（将正确答案的代号填入括号内）

1. 电火花成型机床目前广泛采用的工作液是（ ）。

A. 蒸馏水　　B. 去离子水　　C. 煤油

2. 下列材料中，不适宜做电火花成型机电极的是（ ）。

A. 紫铜　　B. 陶瓷　　C. 石墨

3. 下列材料作为电极，损耗最明显的是（ ）。

A. 紫铜　　B. 铸铁　　C. 铝

4. 衡量电火花成型机床工艺性能的重要指标是（ ）。

A. 最大加工速度　　B. 表面粗糙度　　C. 相对电极损耗

5. 检查油位，按润滑图表加油或润滑脂属于（ ）保养。

A. 日常　　B. 一级　　C. 二级

6. 不属于一级保养内容的是（ ）。

A. 检查各坐标方向传感器、限位开关

B. 清扫切屑，擦拭外表、主轴锥孔及各滑动面

C. 清理主轴夹头

7. 属于二级保养内容的是（ ）。

A. 检查紧固装置、安全装置

B. 检查基础和地脚螺栓

C. 全面擦拭各部位（含操作面板、按钮等）

四、简答题

1. 以铜作为电极加工钢时，分析电火花发生在底部的原因，并写出处理措施。

2. 简述机床床身及外表一级保养要点。

3. 简述电火花成型机气压或液压系统二级保养要点。

课题二　单型腔模具零件加工

一、填空题（将正确答案填写在横线上）

1. 尺寸精度的主要影响因素为________和________，表面粗糙度的精度主要由________决定，几何精度的主要影响因素是________________、电极的装夹与校正工艺。

2. ________________是制作电极时确定电极收缩量的一个依据。

3. 在电火花成型加工之前，电极必须安装在电火花成型机______________上，并使电极轴线平行于主轴头的轴线。

4. 电极的校正方法有________________、________________和直角尺校正。

5. 紫铜电极适合形状精细、要求较高的______________。

6. 电极横截面尺寸主要是根据______________和______________的大小确定的。

7. 当凸、凹模的配合间隙小于放电间隙时，电极的轮廓尺寸应小于凸模的轮廓尺寸，则可用______________将电极尺寸缩小至设计尺寸；当凸、凹模的配合间隙大于放电间隙时，电极的轮廓尺寸应大于凸模的轮廓尺寸，则需用____________将电极扩大到设计尺寸。

8. 盘盖形型腔加工用的电极，由于电极侧面可供校正的平直部分较短，因此，多数采用由____方法来保证电极的垂直度。

二、判断题（正确的打“√”，错误的打“×”）

1. 铸铁的电极损耗和加工稳定性均较一般，容易起弧，生产率不及铜电极。（　）

2. 石墨的熔点高，能承受较大的电流，在大电流下仍能保持电极的低损耗。（　　）

3. 对于纯铜、黄铜类的电极，可采用成型磨削加工。（　　）

4. 当凸、凹模的配合间隙等于放电间隙时，适用于磨削后电极的轮廓尺寸与凸、凹模完全相同的情况。（　　）

5. 由于加工电极的重复精度差，石墨电极适用于单件或少量电极的加工。（　　）

三、选择题（将正确答案的代号填入括号内）

1. 下列（　　）电极适用于加工表面粗糙度较低，尺寸、形状精度要求较高及形状复杂的小孔。

A. 黄铜　　B. 铸铁　　C. 石墨

2. 异形电极常采用（　　）加工方法。

A. 机械　　B. 线切割　　C. 电化学腐蚀

3. 螺纹夹头、夹具适用于（　　）电极的装夹。

A. 石墨　　B. 直径较小　　C. 尺寸较大

4. 不适合电极与凸模联合成型磨削的电极材料是（　　）。

A. 铸铁　　B. 钢　　C. 陶瓷

5. 不属于电火花成型加工工件装夹方式的是（　　）。

A. 永磁吸盘装夹　　B. 不需要夹紧　　C. 平口钳装夹

6. 校正长方体类电极需要调整（　　）个方向误差。

A. 3　　B. 2　　C. 1

四、简答题

1. 简述长方体类电极的校正步骤。

2. 简述长方体类工件找正的要领。

五、实训题

1. 如图 4—1a 所示为注射模镶块，材料为 40 Cr，硬度为 38 ~ 40HRC，加工表面粗糙度 Ra 为 0.8 μm，要求型腔侧面棱角清晰，圆角半径 $R < 0.25$ mm，完成如图 4—1b 所示电极的加工，并利用该电极完成如图 4—1a 所示注射模镶块的加工，写出加工步骤及注意要点。

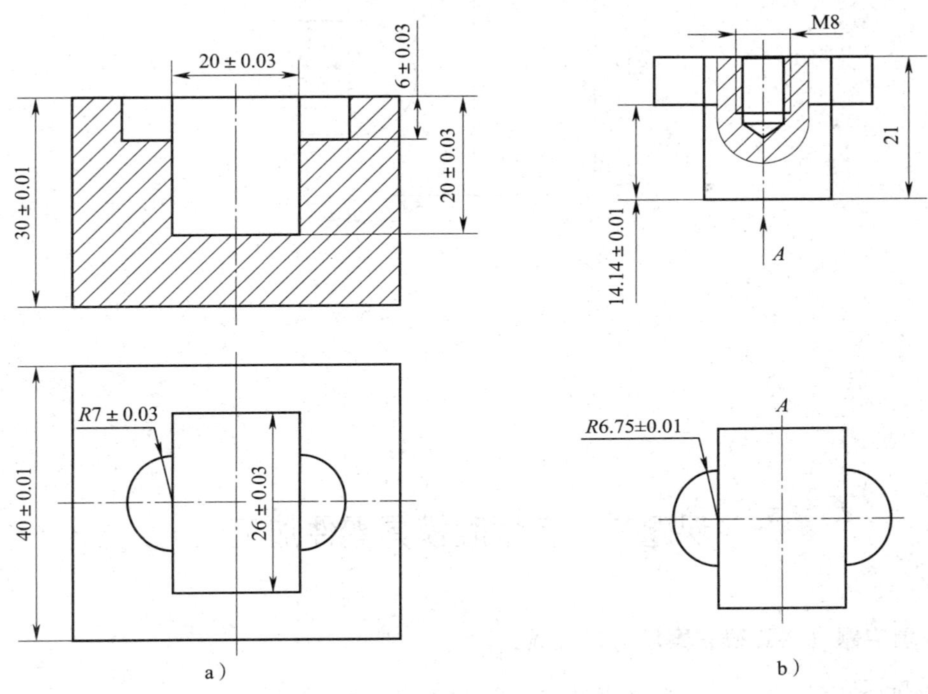

图 4—1

a) 注射模镶块　b) 电极结构与尺寸

2. 有一孔形状及尺寸如图4—2 所示，设计电火花加工此孔的电极尺寸（已知电火花机床精加工的单边放电间隙δ为0.03 mm）。

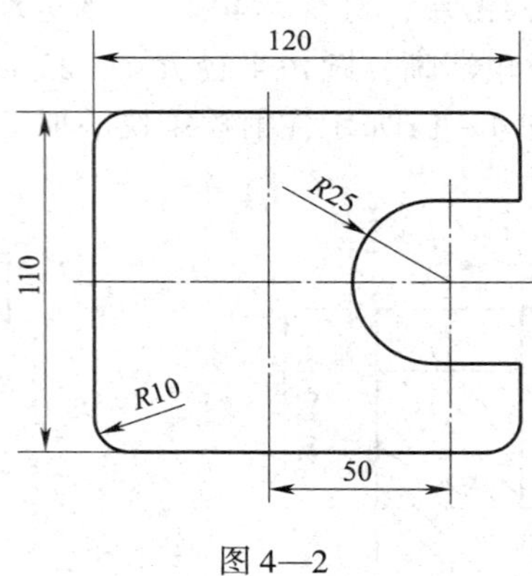

图4—2

课题三　多型腔模具零件加工

一、填空题（将正确答案填写在横线上）

1. 按照结构形式分，电火花成型电极有整体式电极、＿＿＿＿＿＿和＿＿＿＿＿＿三种结构形式。

2. 电极尺寸大小根据模具型孔或型腔的尺寸及＿＿＿＿＿＿＿＿、＿＿＿＿＿＿＿＿来决定。

3. 电极的尺寸精度不低于＿＿＿＿级精度，电极的表面粗糙度应在＿＿＿＿以上。

4. 根据机床厂家提供的标准参数表，决定机床缩放量的主要是＿＿＿＿与表面粗糙度。

5. 采用＿＿＿＿＿＿确定第一型腔加工坐标，其他型腔坐标依据第一型腔位置和零件图所示型腔间距推算获得。

二、判断题（正确的打“√”，错误的打“×”）

1. 采用分解式电极成型加工，可简化电加工工艺，无须统一加工基准，否则将增加加工误差。（　　）

2. 对于精度要求高的电极，可设计2～3根电极，分别采用不同的电极缩放量，以分别应用于粗加工、半精加工、精加工。（　　）

3. 编写程序时，与上段相同的模态指令可以省略不写。（　　）

4. G00 指电极从当前点进行直线插补到达指定的目标点上。（　　）

5. Z 轴寻边的操作为：主轴下降直至工件与电极接触后自动停止，蜂鸣器发出报警声，以此确定 Z 坐标。（ ）

6. G20 指定程序中尺寸值的单位为英制。（ ）

7. 若上一程序段中有了 G02 指令，下一程序段若仍是 G02 指令，则 G02 可略。（ ）

三、选择题（将正确答案的代号填入括号内）

1. （ ）电极多用于形状复杂的异形孔和型腔的加工。
   A. 整体式　　B. 分解式　　C. 镶拼式
2. 下列指令属于模态指令的是（ ）。
   A. G80　　B. G91　　C. G92
3. 表示绝对坐标指令的是（ ）。
   A. G90　　B. G91　　C. G92
4. 在设计电极时，考虑电极加工需要校正，需要（ ）。
   A. 增加校正面　　B. 延长开向尺寸　　C. 合理确定尺寸公差

四、实训题

某模具零件结构如图 4—3 所示，所有尺寸按 ±0.03 mm 加工，电火花成型加工表面粗糙度值为 Ra1.6 μm，槽与下底基准面的垂直度公差为 0.04 mm，毛坯材料为 Cr12MoV 钢。

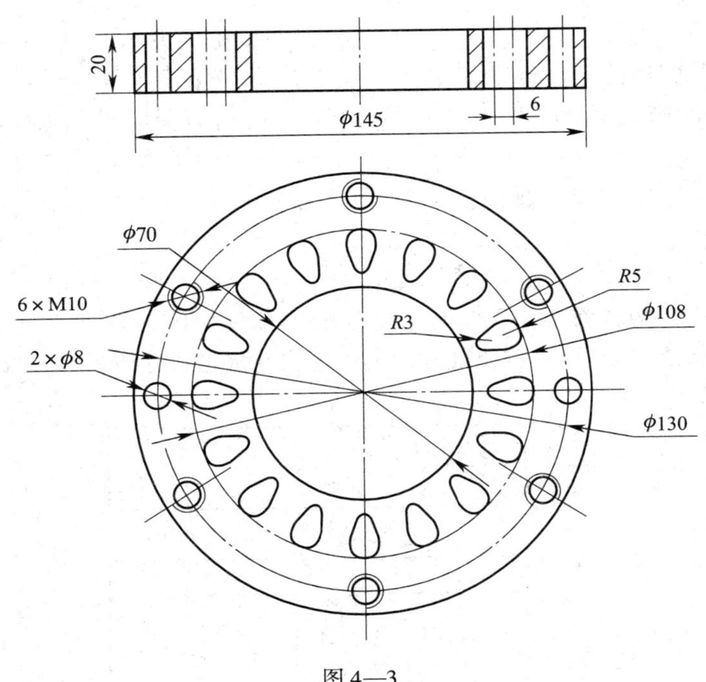

图 4—3

课题四　典型冲模零件加工

一、填空题（将正确答案填写在横线上）

1. 一般模具的加工工艺基本方法是__________、__________、__________、冷挤、钳制、钳装、校模等。

2. 电火花加工上模时，一般先加工________，然后以其为基准，加工________或其他________。

二、判断题（正确的打“√”，错误的打“×”）

1. 型腔的传统电火花加工中，由于电极损耗较大，大多数采用局部加工方式，不适合进行整体加工。（　　）

2. 电极材料中，紫铜容易获得，容易加工，因而被大量使用。（　　）

三、选择题（将正确答案的代号填入括号内）

1. 电极的几何形状要和模具型孔或型腔的几何形状完全相同，其尺寸大小根据模具型孔或型腔的（　　）来决定。

A. 尺寸及公差　　B. 放电间隙的大小

C. 凸模与凹模的配合间隙　　D. 以上三项都是

2. 在对封闭的形状放电加工时，由于电极的尖角极易消耗，加上放电的间隙，在角落处就会形成（　　）。

A. 圆角　　B. 毛刺　　C. 塌边　　D. 台阶

四、实训题

某模具零件其结构如图 4—4 所示，所有尺寸按 ±0.03 mm 加工，表面粗糙度值为 *Ra*1.6 μm，模具材质为 45 钢，调质处理，利用电火花成型机完成模具零件型腔的加工。

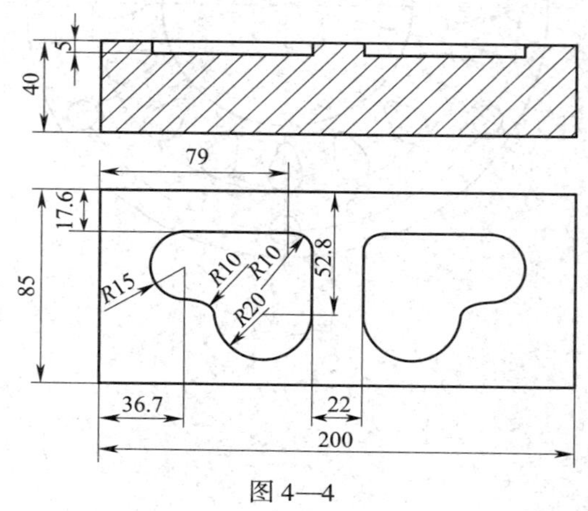

图 4—4

模块五　电火花小孔加工

课题一　电火花小孔加工基本操作

一、填空题（将正确答案填写在横线上）

1. 小孔、深孔的加工工艺难度主要表现在加工过程中________________困难。

2. 电极在加工过程中做匀速旋转，__________________，以消除电火花加工时电极振颤带来的影响。

3. 电火花小孔机主要由操作箱、_____________、工作台、工作液系统及电气系统等组成。

4. 与电火花线切割机床、成型机不同的是，电火花小孔机的脉冲电极是________。

5. 电极主要是通过_____________来实现导电，所以在安装时应调整好________，保证加工时连续、顺利。

6. 为了避免空心管状电极因刚性差，造成在旋转进给过程中与工件电极相碰产生电弧放电而烧坏工件和电极，必须为其制造一个_______________装置。

7. 主轴进给伺服系统的主要作用是适时控制主轴带动电极向下做进给运动，保证断面_____________恒定，使加工过程连续、稳定。

8. 小孔机上的安全保护装置包括_____________________、_____________和液面控制装置。

二、判断题（正确的打“√”，错误的打“×”）

1. 为了解决电蚀物排除问题，必须加强工作液的循环，在中空管状电极中通入高压、高速且流动的工作液。（　　）

2. 电火花穿孔加工的速度大大高于电火花成型加工，但比机械钻孔加工要慢许多。（　　）

3. 安装时，将所需的电极、夹头、密封圈等组件一次性组合好，放入主轴端部内孔，旋转压紧螺母即可。（　　）

4. 小孔机操作界面上带“ * ”的键为穿透键，当火花从工件底部穿出时，按下此键有助于快速穿透。（　　）

5. 小孔机比较适于加工微孔、孔系、深小孔以及超硬材料上的孔。（　　）

6. 小孔机的电压高但电流小，对操作者、助手及参观者不会造成任何危害。（　　）

7. 电火花小孔机的电磁保护应该按照相关国家标准规定来实施。（　　）

8. 每天开机前，应检查水箱内的过滤网是否堵塞、破损。（　　）

9．工件装夹后，可以采用千分表或百分表进行工件校正。（　　）

三、选择题（将正确答案的代号填入括号内）

1．在手动方式下，按下（　　）键时，高速移动被选择，指示灯亮。

A．SP0　　B．SP1　　C．SP2

2．小孔机是利用连续移动的（　　）作为电极，对工件进行脉冲火花放电蚀除金属，从而切割成型。

A．铜丝　　B．钼丝　　C．空心铜管

3．（　　）键按下后，显示加工参数，可对参数进行修改。

A．EDIT　　B．COND　　C．MANU

4．工作台横向/纵向导轨的保养周期是（　　）。

A．每半年一次　　B．每周一次　　C．每月一次

5．下列关于机床清洁描述错误的是（　　）。

A．每日工作完成后，应将夹头、导套、小垫、密封套、螺母及红宝石导向器拆下，擦洗干净后放入附件盒内。

B．水箱内要绝对保持清洁，不得有杂物、颗粒物落入其中。

C．当机床表面油污较多时，根据相似相融原理，机床外表面可用汽油、煤油等有机溶剂擦拭。

课题二　单 孔 加 工

一、填空题（将正确答案填写在横线上）

1．小孔加工多数为____孔，因此，要考虑利于________的问题。

2．小孔电火花加工由于电极__________小，容易__________，不易散热，__________又困难，所以________________。

3．____________是火花机床加工小孔的专用电极。

4．电极分别沿 X、Y、Z 负向接触工件，最后停在接触点的指令是________、________、________。

二、判断题（正确的打“√”，错误的打“×”）

1．小孔加工面积小，直径一般为 $\phi0.1\sim\phi3$ mm，深径比不超过20∶1。（　　）

2．电火花小孔机属于电火花加工设备中的一种，为了加工小孔，电极也可以采用电极丝。（　　）

3．电火花小孔机使用铜电极加工硬质合金时，电极极性可以选择“+”。（　　）

三、选择题（将正确答案的代号填入括号内）

1．小孔加工的加工峰值电流及脉冲宽度，可以按照（　　）进行大致的划分。

A. 平均值的大小　　B. 最大、最小

C. 粗加工区、精加工区　　D. 粗加工区、半精加工区、精加工区

2. 为达到最终加工要求的精度，表面粗糙度值较低，则最终加工峰值电流和脉冲宽度选择时要（　　）一些。

A. 偏下限　　B. 偏上限

C. 根据实际情况确定　　D. 偏平均值

3.（　　）影响加工效率，但过短的间隙时间会引起放电异常，所以选择时重点考虑排屑情况，以保证正常加工。

A. 加工峰值电流　　B. 电极管材料

C. 脉冲间隙时间　　D. 脉冲宽度

4.（　　）指令的含义是：将 X、Y 轴的当前点定义为接触感知参考点，且 Z 轴值为输入损耗补偿值。

A. F11　　B. F10　　C. F22　　D. F30

四、简答题

简述电火花小孔机中的电极管装夹步骤。

五、实训题

某一零件的图样如图 5—1 所示，需要在该零件上加工一个直径为 2 mm、深 40 mm 的小孔，根据所学知识选择合适的加工方法完成该零件的加工，并记录操作步骤。

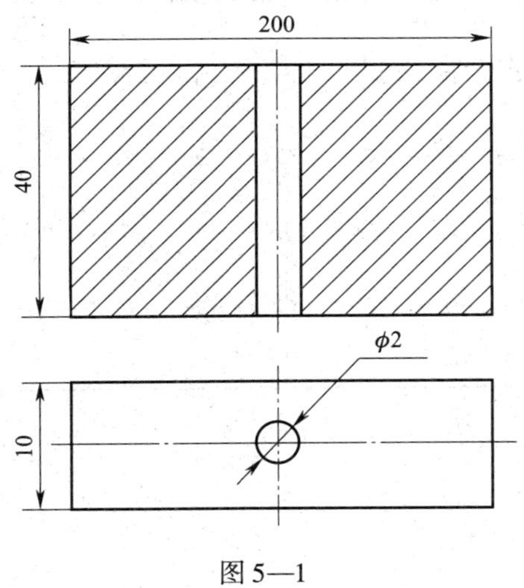

图 5—1

课题三 多孔加工

一、填空题（将正确答案填写在横线上）

1．电火花小孔机加工小孔时，加工质量问题主要为孔存在严重的__________。

2．造成电火花小孔加工中电蚀产物在孔底难以排出的原因有：加工小孔时__________，可用的__________。

二、判断题（正确的打“√”，错误的打“×”）

1．电火花小孔机在钨钢上加工小孔时应使用黄铜电极。（　）

2．与纯水介质相比，在电火花小孔上使用同一截面积的电极管时，采用煤油应比采用纯水的电流密度高很多，容易实现高效的电火花加工。（　）

三、选择题（将正确答案的代号填入括号内）

1．选择电火花小孔机加工电流的影响因素有（　）。

A．电极管直径　B．电极管材料　C．电极极性　D．脉冲间隙

2．在加工过程中，工具电极靠（　）来调整其放电间隙和加工进给量。

A．脉冲信号　B．加工电流　C．伺服系统　D．系统操作面板

四、实训题

1．某一零件的图样如图5—2所示，需要在工件上加工50个直径为1 mm、深30 mm的小孔，根据所学知识选择合适的加工方法完成该零件的加工，并记录操作步骤。

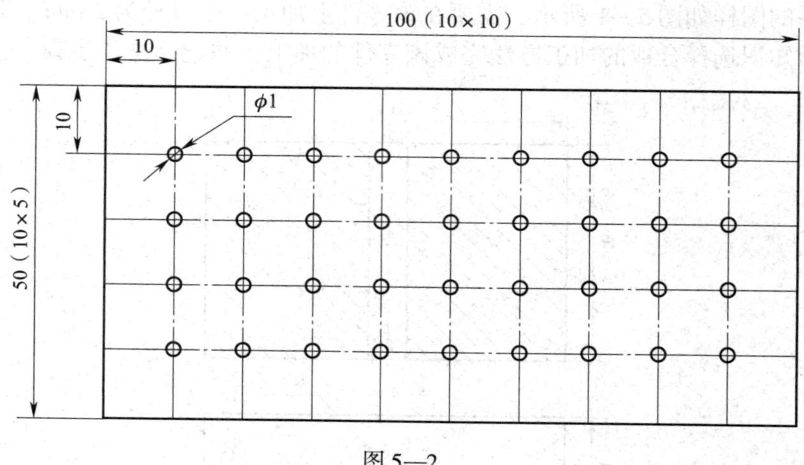

图5—2

2. 某一零件的图样如图 5—3 所示，需要在工件上加工 3 个直径为 2 mm、深 30 mm 的小孔，呈圆周分布，根据所学知识选择合适的加工方法完成该零件的加工，并记录操作步骤。

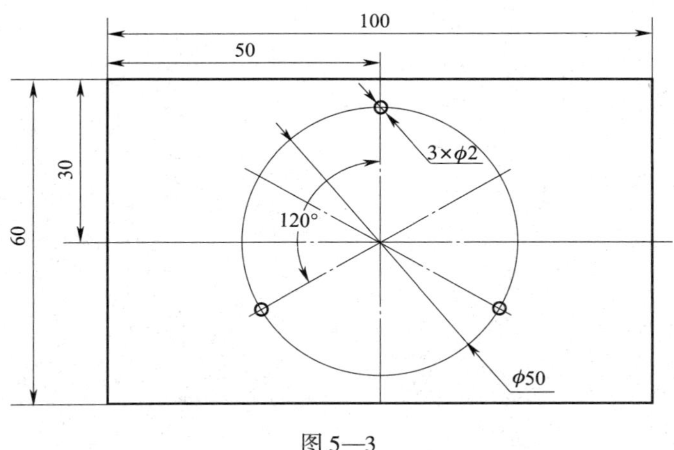

图 5—3